四川省工程建设地方标准

四川省抗震设防超限高层建筑工程界定标准

DB51/T 5058 - 2014

Appraisal Standard for Out-of-code Tall Building of Seismic Fortification in Sichuan Province

主编单位： 四 川 省 建 筑 设 计 研 究 院
批准部门： 四 川 省 住 房 和 城 乡 建 设 厅
施行日期： 2 0 1 4 年 1 2 月 1 日

西南交通大学出版社

2014 成 都

图书在版编目（CIP）数据

四川省抗震设防超限高层建筑工程界定标准 / 四川省建筑设计研究院主编. —成都：西南交通大学出版社，2015.1（2016.4 重印）

ISBN 978-7-5643-3542-7

Ⅰ. ①四… Ⅱ. ①四… Ⅲ. ①高层建筑－抗震结构－结构设计－地方标准－四川省 Ⅳ. ①TU973-65

中国版本图书馆 CIP 数据核字（2014）第 262640 号

四川省抗震设防超限高层
建筑工程界定标准

主编单位　四川省建筑设计研究院

责任编辑	曾荣兵
助理编辑	姜锡伟
封面设计	原谋书装
出版发行	西南交通大学出版社 （四川省成都市二环路北一段 111 号 西南交通大学创新大厦 21 楼）
发行部电话	028-87600564　028-87600533
邮政编码	610031
网　　址	http: //www.xnjdcbs.com
印　　刷	成都蜀通印务有限责任公司
成品尺寸	140 mm × 203 mm
印　　张	1.75
字　　数	40 千字
版　　次	2015 年 1 月第 1 版
印　　次	2016 年 4 月第 3 次
书　　号	ISBN 978-7-5643-3542-7
定　　价	23.00 元

各地新华书店、建筑书店经销
图书如有印装质量问题　本社负责退换

关于发布四川省工程建设地方标准《四川省抗震设防超限高层建筑工程界定标准》的通知

川建标发〔2014〕469号

各市州及扩权试点县住房城乡建设行政主管部门，各有关单位：

由四川省建筑设计研究院修编的《四川省抗震设防超限高层建筑工程界定标准》，已经我厅组织专家审查通过，现批准为四川省推荐性工程建设地方标准，编号为：DB51/T 5058－2014，自2014年12月1日起在全省实施，原《四川省抗震设防超限高层建筑工程界定标准》（DB51/T 5058－2008）同时废止。

该标准由四川省住房和城乡建设厅负责管理，四川省建筑设计研究院负责技术内容解释。

四川省住房和城乡建设厅

2014年9月9日

前 言

根据四川省住房和城乡建设厅《关于下达四川省工程建设地方标准〈四川省抗震设防超限高层建筑工程界定标准〉修订计划的通知》(川标函〔2013〕342 号文)的要求，标准编制组依据国家和行业现行的有关法规和技术标准，包括《建筑抗震设计规范》GB 50011 – 2010、《高层建筑混凝土结构技术规程》JGJ 3 – 2010、住房和城乡建设部颁布的《超限高层建筑工程抗震设防专项审查技术要点》(建质〔2010〕109 号)，总结了几年来本标准实施的情况，广泛征求了有关单位的意见，结合本省实际，对《四川省抗震设防超限高层建筑工程界定标准》DB51/T 5058 – 2008 进行修订，形成本标准。

本标准包括 5 章 1 个附录，主要内容是：总则；术语和符号；高度超限的超限高层建筑工程的界定；特别不规则的超限高层建筑工程的界定；特殊类型、大跨度空间结构和其他超限高层建筑工程的界定；附录 A：严重不规则的高层建筑工程的界定。

本次修订的主要内容是：修改了部分术语的含义，调整了部分结构类型的高度限值，修改了结构不规则类型，增加了两项不规则的特别不规则超限高层建筑工程的界定，对部分不规则判断指标的数值进行了调整等。

本标准由四川省住房和城乡建设厅负责管理，四川省建筑设计研究院负责具体技术内容的解释。请各单位在执行过程中，结合工程实践，总结经验。如有意见和建议，请寄至成都市高新区天府大道中段688号（大源国际中心）1栋四川省建筑设计研究院《四川省抗震设防超限高层建筑工程界定标准》编制组（电话：028-86933790，邮编：610000，邮箱：scsjy1953@163.com）。

本规程主编单位：四川省建筑设计研究院

本规程主要起草人员：刘学海　章一萍　隗　萍
何小银　唐元旭　赵仕兴
陈　杨

本规程主要审查人员：李学兰　肖克艰　尤亚平
章光斗　陈芳培　胡允棒
孙　方

目　次

1 总 则

1.0.1 为贯彻执行《中华人民共和国建筑法》、《中华人民共和国防震减灾法》、《中华人民共和国行政许可法》、住房和城乡建设部《房屋建筑工程抗震设防管理规定》、《超限高层建筑工程抗震设防管理规定》、《超限高层建筑工程抗震设防专项审查技术要点》、《四川省建设工程抗御地震灾害管理办法》，加强对超限高层建筑工程抗震设防的管理工作，实行以预防为主的方针，使超限高层建筑工程的抗震设计达到抗震设防目标的要求，特制定本标准。

1.0.2 本标准适用于四川省抗震设防烈度为6度、7度、8度和9度的抗震设防超限高层建筑工程的界定。

注：木标准“6度、7度、8度、9度”即“抗震设防烈度为6度、7度、8度、9度”的简称。

1.0.3 凡本标准第3~5章界定的抗震设防超限高层建筑工程，均应按有关规定进行审查。

2 术语和符号

2.1 术 语

2.1.1 抗震设防超限高层建筑工程 out-of-code tall building of seismic fortification

房屋高度超过本标准第 3.0.1 条中建筑高度限值的高层建筑工程；或房屋高度不超过上述高度限值，但建筑结构布置属于本标准第 4 章规定的特别不规则的高层建筑工程；或高度大于 24m 且属于本标准第 5 章中的建筑工程。

2.1.2 高层建筑 tall building

10 层及 10 层以上或房屋高度大于 28m 的住宅建筑和房屋高度大于 24m 的其他高层民用建筑。

2.1.3 房屋高度 building height

室外地面至房屋主要屋面的高度，不包括局部突出屋面的电梯机房、水箱、构架等高度。

2.1.4 错层结构 structures of staggered floor

地面以上错层楼层数量不少于房屋总楼层数量 30%的结构。

2.1.5 细腰形平面 wasp-waisted plan

平面中部两侧凹进，其宽度明显小于其他部分宽度的结构平面。

2.1.6　角部重叠形平面　overlapped plan in corner

由两个或两个以上平面为矩形或基本为矩形的图形在角部重叠组成的结构平面。

2.1.7　结构平面总尺寸　the total dimension of structural plan

结构平面在某一方向的最大尺寸。

2.1.8　有效楼板宽度　effective slab width

楼板在任一方向的净宽，可由该方向上净宽不小于 2m 的楼板累计。

2.1.9　楼板典型宽度　typical slab width

所考虑方向楼板的总宽度（包括洞口的宽度）。

2.1.10　扭转位移比　ratio of tortional displacement

在考虑偶然偏心影响的规定水平地震力作用下，楼层的最大弹性水平位移（或层间位移）与该楼层两端弹性水平位移（或层间位移）平均值之比。

2.1.11　扭转周期比　ratio of tortional period

结构扭转为主的第一自振周期与结构平动为主的第一自振周期之比。

2.1.12　复杂高层建筑结构　complex tall building structures

《高层建筑混凝土结构技术规程》JGJ 3—2010 第 10 章所指的带转换层的结构、带加强层的结构、错层结构、连体结构和竖向体型收进、悬挑结构。

2.2 符　号

2.2.1 几何参数

a——结构上部楼层相对于下部楼层外挑时的水平外挑尺寸；

b——结构平面突出部分与其他部分连接处的宽度；

b_{ji}——楼板有效宽度；

b_{ji-k}——计算楼板有效宽度所考虑的楼板各部分宽度；

B——结构平面总宽度、下部楼层水平尺寸；

B_1——细腰形平面细腰部分的宽度、平面凹进后凹进部分的宽度、结构上部楼层平面收进或挑出后的水平尺寸；

B_c——角部重叠形平面重叠部分短边的长度；

B_i——结构平面各部分的宽度；

B_{max}——结构平面总尺寸；

B_{pi}——楼板典型宽度；

H——房屋高度；

H_1——结构上部楼层收进部位至室外地面的高度；

l——结构平面突出部分的长度；

L——结构平面总长度；

L_i——结构平面各部分的长度；

L_c——角部重叠形平面重叠部分长边的长度。

2.2.2 其他

T_1——结构平动为主的第一自振周期；

T_t——结构扭转为主的第一自振周期；

θ_e——多遇地震作用下的最大弹性层间位移角。

3 高度超限的超限高层建筑工程的界定

3.0.1 房屋高度超过表3.0.1-1~3所列高度限值的高层建筑应界定为抗震设防超限高层建筑工程。

表3.0.1-1 混凝土结构高层建筑高度限值（m）

结构类型		6度	7度	8度		9度
				0.20*g*	0.30*g*	
框架		55	45	35	30	—
框架-剪力墙		130	120	100	80	50
剪力墙		140	120	100	80	60
部分框支剪力墙		120	100	80	50	不应采用
框架-核心筒		150	130	100	90	70
筒中筒		180	150	120	100	80
板柱-剪力墙		80	70	55	40	不应采用
具有较多短肢墙的剪力墙		120	100	80	60	不应采用
错层结构	框架	50	40	30	26	不应采用
	框架-剪力墙	90	80	60	50	不应采用
	剪力墙	100	80	60	50	不应采用
异形柱框架-剪力墙		45	40（0.10*g*） 35（0.15*g*）	28	不应采用	不应采用

注：1 平面和竖向均不规则(部分框支结构指框支层以上的楼层不规则)结构，其高度应比表内数值降低10%；

2 框架、框架-剪力墙、框架-核心筒、筒中筒结构中设置转换层（托柱转换层）时，高度限值应比表中降低10%；

3 Ⅳ类场地上的结构，其高度限值应比表内数值降低10%。

表 3.0.1-2 混合结构高层建筑高度限值（m）

<table>
<tr><td colspan="2" rowspan="3">结构体系</td><td colspan="5">抗震设防烈度</td></tr>
<tr><td rowspan="2">6 度</td><td rowspan="2">7 度</td><td colspan="2">8 度</td><td rowspan="2">9 度</td></tr>
<tr><td>0.20g</td><td>0.30g</td></tr>
<tr><td rowspan="2">框架-核心筒</td><td>钢框架-钢筋混凝土核心筒</td><td>200</td><td>160</td><td>120</td><td>100</td><td>70</td></tr>
<tr><td>型钢（钢管）混凝土框架-钢筋混凝土核心筒</td><td>220</td><td>190</td><td>150</td><td>130</td><td>70</td></tr>
<tr><td rowspan="2">筒中筒</td><td>钢外筒-钢筋混凝土核心筒</td><td>260</td><td>210</td><td>160</td><td>140</td><td>80</td></tr>
<tr><td>型钢（钢管）混凝土外筒-钢筋混凝土核心筒</td><td>280</td><td>230</td><td>170</td><td>150</td><td>90</td></tr>
</table>

注：当平面和竖向均不规则时，其高度限值应比表内数值降低 10%。

表 3.0.1-3 钢结构高层建筑高度限值（m）

<table>
<tr><td rowspan="2">结构类型</td><td rowspan="2">6 度、7 度（0.10g）</td><td rowspan="2">7 度（0.15g）</td><td colspan="2">8 度</td><td rowspan="2">9 度</td></tr>
<tr><td>0.20g</td><td>0.30g</td></tr>
<tr><td>框架</td><td>110</td><td>90</td><td>90</td><td>70</td><td>50</td></tr>
<tr><td>框架-中心支撑</td><td>220</td><td>200</td><td>180</td><td>150</td><td>120</td></tr>
<tr><td>框架-偏心支撑（延性墙板）</td><td>240</td><td>220</td><td>200</td><td>180</td><td>160</td></tr>
<tr><td>筒体（框筒、筒中筒、桁架筒、束筒）和巨型框架</td><td>300</td><td>280</td><td>260</td><td>240</td><td>180</td></tr>
</table>

注：1 表内的筒体不包括混凝土筒；

2 当平面和竖向均不规则时，其高度限值应比表内数值降低 10%。

4　特别不规则的超限高层建筑工程的界定

4.1　三项不规则的特别不规则超限高层建筑工程的界定

4.1.1　在第4.1.2条所列第1～10各项结构不规则情况中同时具有三项或三项以上不规则的高层建筑应界定为抗震设防超限高层建筑工程。

4.1.2　结构不规则情况应包括以下各项：

1　扭转不规则。当结构中有下列一种或一种以上情况时，为扭转不规则：

1）扭转位移比大于1.2；

2）任一层的偏心率大于15%或相邻层质心水平距离大于相邻层中该方向较大边长的15%。

2　凹凸不规则或平面长宽比较大。当结构中有下列一种或一种以上情况时，为凹凸不规则或平面长宽比较大：

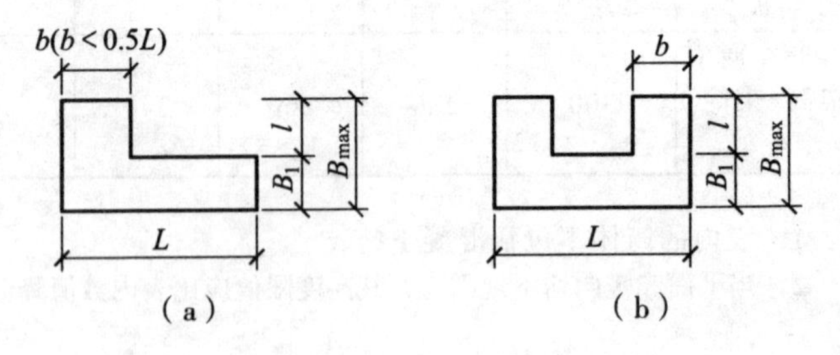

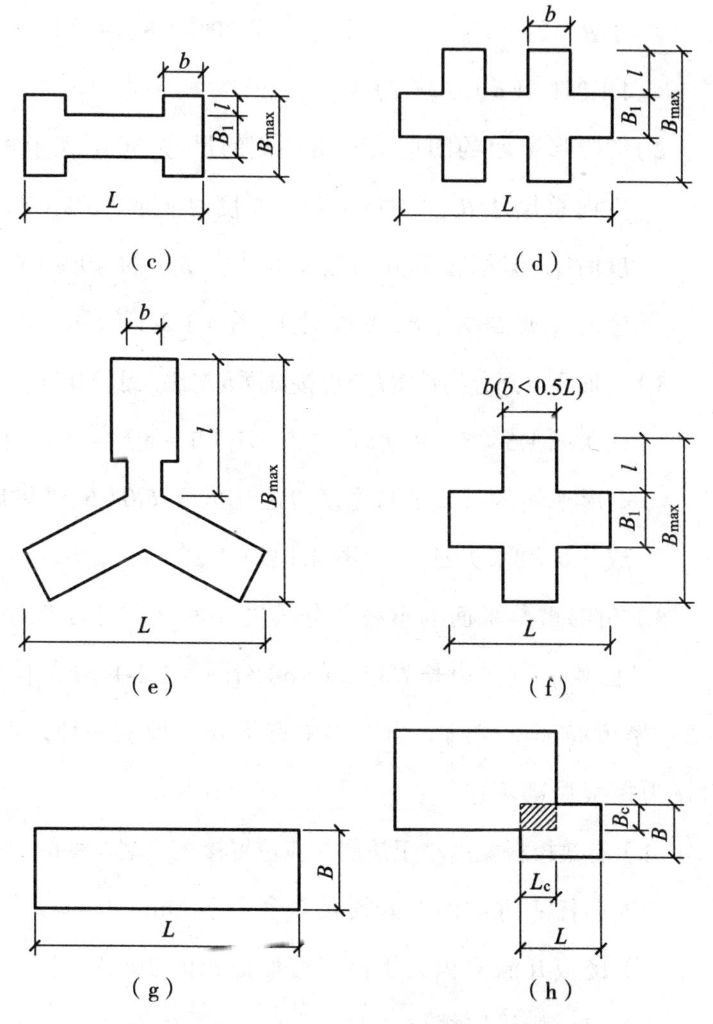

图 4.1.2-1 结构平面凹凸不规则示意图

1）平面凹进或凸出一侧的尺寸 l 大于相应投影方向总尺

寸 B_{max} 的 35%（6、7 度时）或 30%（8、9 度时）[图 4.1.2-1（a）~（f）]；

2）细腰形平面的凹进或凸出一侧的尺寸 l 虽不大于相应方向总尺寸 B_{max} 的 35%（6、7 度时）或 30%（8、9 度时），但细腰部分的宽度 B_1 小于 B_{max} 的 40%（6、7 度时）或 50%（8、9 度时）[图 4.1.2-1（c）、（d）]；

3）平面突出部分的长度 l 与连接宽度 b 之比大于 2.0（6、7 度时）或 1.5（8、9 度时）[图 4.1.2-1（a）~（f）]；

4）矩形平面的长度 L 与宽度 B 之比大于 6.0（6、7 度时）或 5.0（8、9 度时）[图 4.1.2-1（g）]；

5）角部重叠平面的重叠部分长度 L_c 和 B_c 均小于较小平面相应方向边长 L 和 B 的 50%[图 4.1.2-1（h）]。

3 楼板局部不连续。当结构中有下列一种或一种以上情况时，为楼板局部不连续：

1）有效楼板宽度小于该层相应位置楼板典型宽度的 50%；

2）在任一方向的有效楼板宽度小于 5m；

3）楼板开洞面积大于该层楼面面积的 30%；

4）有少量错层楼层。

4 侧向刚度不规则或尺寸突变。当有下列一种或一种以上情况时，为侧向刚度不规则或尺寸突变：

1）框架结构楼层的侧向刚度小于相邻上层侧向刚度的70%或相邻上部三层侧向刚度平均值的80%。

2）框架-剪力墙、板柱-剪力墙、剪力墙、框架-核心筒、筒中筒结构楼层的侧向刚度小于相邻上层侧向刚度的90%；当本层层高大于相邻上层层高的1.5倍时，楼层的侧向刚度小于相邻上层侧向刚度的1.1倍；对结构底部嵌固层，嵌固层侧向刚度小于相邻上层侧向刚度的1.5倍。

3）当上部楼层收进部位到室外地面的高度 H_1 与房屋高度 H 之比大于0.2时，上部楼层收进后的水平尺寸 B_1 小于下部楼层水平尺寸 B 的75%（图4.1.2-2）。

4）上部楼层水平尺寸 B_1 大于下部楼层的水平尺寸 B 的1.1倍或水平外挑尺寸 a 大于4m（图4.1.2-3）。

5）多塔楼结构。

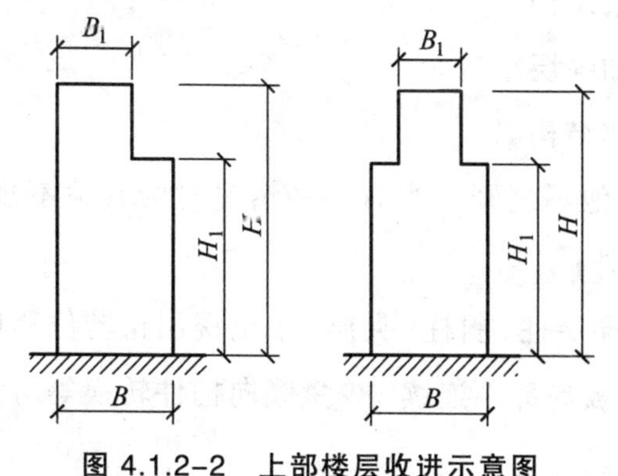

图4.1.2-2 上部楼层收进示意图

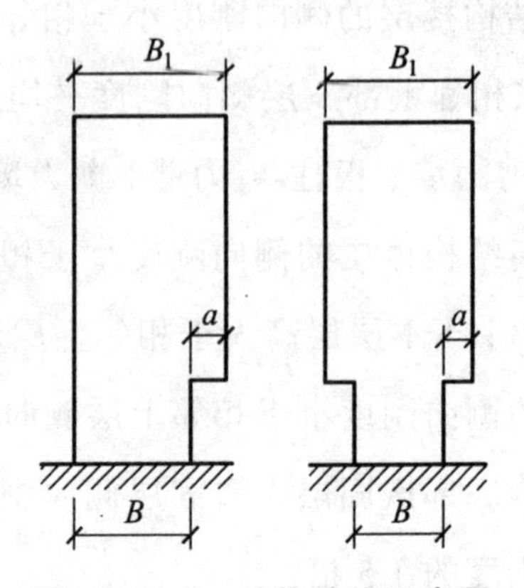

图 4.1.2-3 结构外挑示意图

5 构件间断。当有下列情况时，为构件间断：

竖向抗侧力构件（柱、抗震墙、抗震支撑）的内力由水平转换构件（梁、桁架等）向下传递。

6 楼层承载力突变。当抗侧力结构的层间受剪承载力小于其相邻上一楼层受剪承载力的 80%时，为楼层承载力突变。

7 错层结构。

8 带加强层结构。

9 连体结构。

10 其他不规则。当有下列情况时为其他不规则(已计入 1~9 项者除外):

局部的穿层柱、斜柱、夹层、个别楼层扭转位移比大于 1.2、个别楼层楼板局部不连续、少量竖向构件转换等对结构抗震性能影响较大。

4.2 两项不规则的特别不规则超限高层建筑工程的界定

4. 2. 1 具有第 4.1.2 条所列不规则项中的平面不规则和竖向不规则各一项，且其中一项符合第 4.2.2 条所列不规则情况之一者，应界定为抗震设防超限高层建筑工程。

4. 2. 2 第 4.2.1 条所指的结构不规则情况应包括以下各项：

1 裙房以上的较多楼层，考虑偶然偏心的扭转位移比大于 1.35。

2 结构侧向刚度具有下列一种或一种以上的情况：

1） 框架结构楼层的侧向刚度小于相邻上层侧向刚度的 55%或相邻上部三层侧向刚度平均值的 65%。

2） 框架-剪力墙、板柱-剪力墙、剪力墙、框架-核心筒、筒中筒结构楼层的侧向刚度小于相邻上层侧向刚度的 80%；当本层层高大于相邻上层层高的 1.5 倍时，楼层的侧向刚度小于相邻上层侧向刚度的 1.02 倍；对结构底部嵌固层，嵌固层侧向刚度小于相邻上层侧向刚度的 1.3 倍。

3 A 级高度高层建筑抗侧力结构的层间受剪承载力小于其相邻上一层的 75%。

4. 2. 3 结构的同一楼层存在第 4.1.2 条中的侧向刚度不规则和楼层承载力突变情况时，应界定为抗震设防超限高层建筑工程。

4.3 一项不规则的特别不规则超限高层建筑工程的界定

4. 3. 1 具有第 4.3.2 条所列不规则情况之一的高层建筑应界定为抗震设防超限高层建筑工程。

4. 3. 2 第 4.3.1 条所指的结构不规则情况应包括以下各项:

1 裙房以上的较多楼层，考虑偶然偏心的扭转位移比大于 1.4。

2 A 级高度高层建筑的扭转周期比大于 0.9，B 级高度高层建筑、混合结构和复杂高层建筑结构的扭转周期比大于 0.85。

3 单塔的质心或多塔的综合质心与底盘结构质心的水平距离大于底盘相应边长 20%。

4 结构平面凹进或凸出的一侧尺寸 l 大于相应投影方向总尺寸 B_{max} 的 50%（6、7 度时）或 45%（8、9 度时）[图 4.1.2-1（a）~（f）]。

5 结构平面为细腰形且细腰部分的宽度 B_1 小于 B_{max} 的 30%（6、7 度时）或 35%（8、9 度时）[图 4.1.2-1(c、d)]。

6 结构平面局部突出且突出部分长度 l 与连接部位宽度 b 之比超过 3（6、7 度时）或 2.5（8、9 度时）[图 4.1.2-1(a) ~ (f))。

7 平面为角部重叠形且重叠部分的长度 L_c 和 B_c 均小于较小平面相应方向边长 L 和 B 的 35%（6、7 度时）或 40%（8、9 度时）。

8 有效楼板宽度小于该层相应位置楼板典型宽度的35%，或楼板在任一方向的有效楼板宽度小于4m，或开洞面积大于该层楼面面积的50%（6、7度时）或45%（8、9度时）。

9 框架结构楼层的侧向刚度小于相邻上层侧向刚度的50%或相邻上部三层侧向刚度平均值的60%。

框架-剪力墙、板柱-剪力墙、剪力墙、框架-核心筒、筒中筒结构，楼层的侧向刚度小于相邻上层侧向刚度的75%；当本层层高大于相邻上层层高的1.5倍时，楼层的侧向刚度小于相邻上层侧向刚度；对结构底部嵌固层，嵌固层侧向刚度小于相邻上层侧向刚度的1.2倍。

10 部分框支剪力墙结构在地面以上设置转换层的位置：7度超过5层，8度超过3层。

11 7～9度的厚板转换结构。

12 除顶部一、二层外，在建筑两个或两个以上楼层设置转换层的结构。

13 上部楼层收进部位到室外地面的高度 H_1 与房屋高度 H 之比大于0.2时，上部楼层收进后的水平尺寸 B_1 小于下部楼层水平尺寸 B 的55%(图4.1.2-2)。

14 上部楼层水平尺寸 B_1 大于下部楼层的水平尺寸 B 的1.3倍；楼层整体外挑尺寸 a 大于6m(图4.1.2-3)。

15 各部分层数、刚度和结构布置有较大不同的错层结构。

16 连体两端塔楼高度、体型或者沿底盘某个主轴方向的振动周期显著不同的结构。

17 结构同时具有转换层、加强层、错层、连体和竖向体型收进、多塔等复杂类型的3种。

18 A级高度高层建筑的楼层抗侧力结构的层间受剪承载力小于其相邻上一层的70%。

5 特殊类型、大跨度空间结构和其他超限高层建筑工程的界定

5.0.1 符合下列各项中任一项的高层建筑工程应界定为抗震设防超限高层建筑工程：

1 《建筑抗震设计规范》GB 50011—2010、《高层建筑混凝土结构技术规程》JGJ 3—2010 和《高层民用建筑钢结构技术规程》JGJ99-98 中暂未列入的其他高层建筑结构。

2 特殊形式的大型公共建筑及超长悬挑结构。

3 连接体跨度大于 24m 的连体结构。

4 形体特殊或结构布置特殊且对抗震性能影响大的结构。

5.0.2 高度大于 24m 且屋盖的尺寸或结构形式超出《建筑抗震设计规范》GB 50011—2010 第 10 章及《空间网格结构技术规程》JGJ 7—2010、《索结构技术规程》JGJ 257—2012、《钢筋混凝土薄壳结构设计规程》JGJ 22—2012 等空间结构规程规定的建筑工程，应界定为抗震设防超限高层建筑工程。

附录A 严重不规则的高层建筑工程的界定

A.0.1 符合下列各项中任一项的高层建筑应界定为严重不规则的高层建筑工程：

1 同一结构单元中同时具有四种或四种以上复杂高层建筑结构。

2 多遇地震作用下的最大弹性层间位移角 θ_e 大于附表 1 所列值时，扭转位移比符合A级高度高层建筑大于1.5，B级高度高层建筑、超过JGJ 3—2010表11.1.2中适用的最大高度的混合结构高层建筑和复杂高层建筑结构建筑大于1.4。

附表1 弹性层间位移角值

结构类型	θ_e
钢筋混凝土框架	1/1375
钢筋混凝土框架-剪力墙、板柱-剪力墙、框架-核心筒	1/2000
钢筋混凝土剪力墙、筒中筒	1/2500
钢筋混凝土框支剪力墙结构	1/2500
钢结构	1/625
钢筋混凝土异形柱框架-剪力墙	1/2125

3 多遇地震作用下的最大弹性层间位移角 θ_e 不大于附表

1 所列值时，扭转位移比符合 A 级高度高层建筑大于 1.6，B 级高度高层建筑、混合结构高层建筑和复杂高层建筑结构建筑大于 1.5。

4 A 级高度高层建筑扭转周期比大于 0.95，B 级高度高层建筑、混合结构高层建筑、复杂高层建筑结构建筑扭转周期比大于 0.9。

5 在本标准第 4.1.2 条所列 10 项不规则情况中，同时具有 5 项或 5 项以上不规则情况，或同时具有第 4.3.2 条所列 3 项及 3 项以上不规则的情况。

6 抗侧力结构的层间受剪承载力小于相邻上一层的 65%（A 级高度建筑）或 75%（B 级高度建筑）。

本标准用词说明

1 为便于在执行本标准条文时区别对待，对于要求严格程度不同的用词说明如下：

1）表示很严格，非这样做不可的：

正面词采用“必须”，反面词采用“严禁”。

2）表示严格，在正常情况下均应这样做的：

正面词采用“应”，反面词采用“不应”或“不得”。

3）表示允许稍有选择，在条件许可时，首先应这样做的：

正面词采用“宜”，反面词采用“不宜”；

4）表示有选择，在一定条件下可以这样做的，采用“可”。

2 标准中指明应按其他标准、规范执行的写法为：“应按……执行”或“应符合……的规定（或要求）”。

引用标准名录

1 《建筑抗震设计规范》GB 50011

2 《抗震设防分类标准》GB 50223

3 《高层建筑混凝土结构技术规程》JGJ 3

4 《空间网格结构技术规程》JGJ 7

5 《钢筋混凝土薄壳结构设计规程》JGJ 22

6 《高层民用建筑钢结构技术规程》JGJ 99

7 《混凝土异形柱结构技术规程》JGJ 149

8 《索结构技术规程》JGJ 257

四川省工程建设地方标准

四川省抗震设防超限高层建筑工程界定标准

DB51/T 5058—2014

条 文 说 明

目　次

1 总 则

1.0.1 住房和城乡建设部《超限高层建筑工程抗震设防管理规定》系 2002 年 7 月 25 日由建设部令第 111 号发布，住房和城乡建设部《超限高层建筑工程抗震设防专项审查技术要点》系 2010 年 7 月 16 日由建质〔2010〕109 号文发布。《四川省建设工程抗御地震灾害管理办法》系由四川省人民政府第 266 号令发布（自 2013 年 6 月 1 日起施行）。

2 术语和符号

2.1 术 语

2.1.4 在全部楼层中有不少于 30%的楼层为错层楼层的结构属于错层结构。

错层楼层指有下列三种情况的 1～3 种且合计面积大于该层总面积 30%的楼层：①楼面相错高度大于相邻高侧的梁高；②两侧楼板横向用同一钢筋混凝土梁相连，但楼板间垂直净距大于支承梁宽 1.5 倍；③当两侧楼板横向用同一根梁相连，虽然楼板间垂直净距小于支承梁宽 1.5 倍，但相错高度大于纵向梁高度。[参见《全国民用建筑工程设计技术措施·结构（混凝土结构）》(2009 年版)]。

地下室顶板处的错层不列入本标准中的错层楼层。

计算错层楼层面积时应包括错层部分和非错层部分面积的总和。

有错层时楼层的计算方法见图 1 所示。

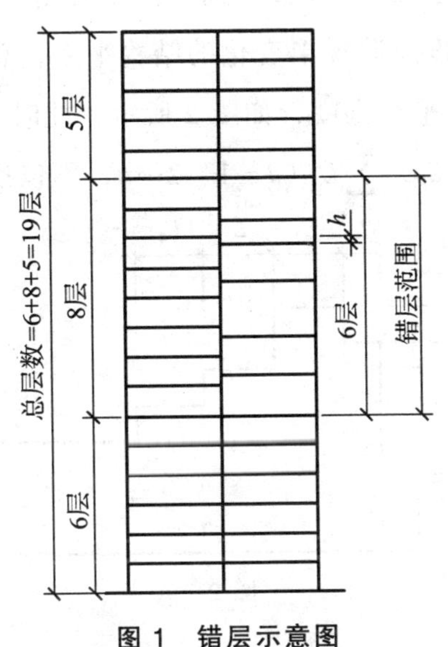

图 1　错层示意图

注：1　结构总楼层数取两侧楼层的较大值；

2　错层楼层数取两侧楼层数的较大值(错层示意图中左侧错层楼层数为 7 层)。

2.1.5～2.1.7　本标准的“结构平面”指某一建筑的结构平面，当一幢建筑分为若干结构单元时，指某一结构单元的平面。

结构平面指抗侧力结构围合成的平面。与“结构平面”有关的长度、宽度、收进尺寸、外挑尺寸等数值，计算时应按抗侧力构件的外边缘计算。抗侧力构件中的水平构件（如框架梁、剪力墙的连梁等）指两端均与竖向抗侧力构件相连者。

2.1.5　当细腰部分两端翼缘的宽度不等时，取宽度较小者计算；当细腰部分两端翼缘宽度不等且两翼缘宽度之比大于 1.33

时，不按细腰形平面考虑，按平面凹凸不规则的其他情况考虑。

2.1.7 对于宽度呈阶梯形变化的结构平面，总尺寸可取除最小宽度外的加权平均宽度，如图 2 所示，此时，

$$B_{\max}=\sum_{i=1}^{n}B_iL_i/\sum_{i=1}^{n}L_i\ (i=1、2\cdots n，不包括\ B_{\min})$$

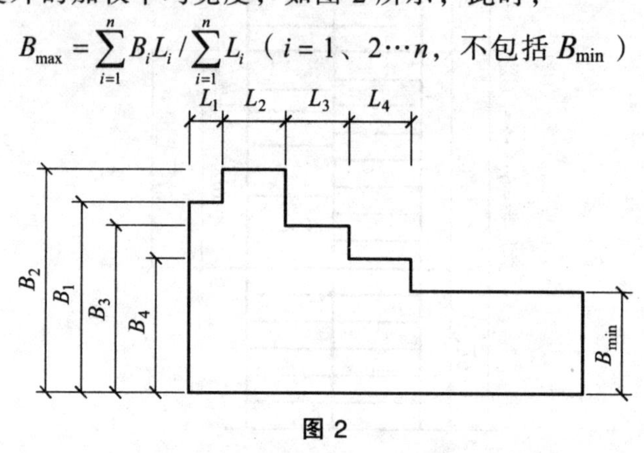

图 2

关于 $B_{\max}$ 的选取参见 4.1 的条文说明第 2 项。

2.1.8～2.1.9 有效楼板宽度 b_{ji} 按下式计算。楼板典型宽度 B_{pi} 为所考虑方向楼板的总宽度（包括洞口的宽度），即是在所考虑方向建筑平面内连接建筑平面边缘两点的直线长度（此处建筑平面指包括结构平面及其以外楼板的平面）。结构平面以外楼板是否计入有效楼板宽度，视该部分楼板是否有助于将楼层水平地震作用传递至竖向抗侧力构件而定。计算楼板所考虑的方向中，可除开位于建筑某个角部和小面积突出部分上的斜向直线长度。示例如图 3，该图中表示了 4 个考虑的方向。

$$b_{ji}=b_{ji-1}+b_{ji-2},\ b_{ji-1}\geqslant 2\text{m},\ b_{ji-2}\geqslant 2\text{m}。$$

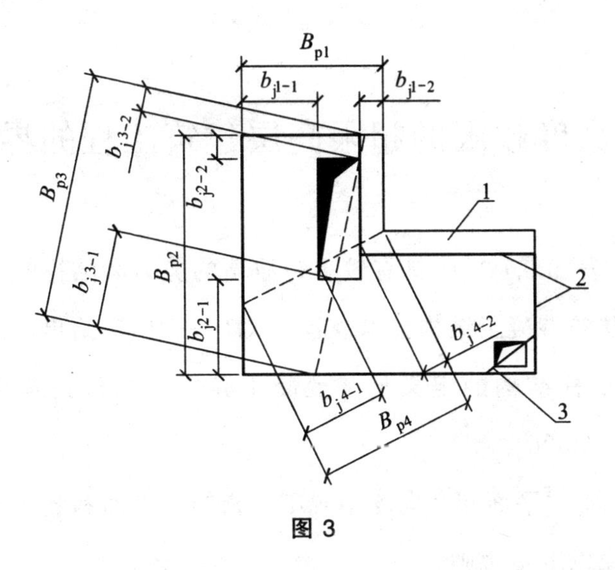

图 3

1—结构平面以外的楼板；2—结构平面边缘；3—不考虑的方向。

2.1.11 扭转周期比等于 T_t/T_1。

2.2 符 号

各符号的示例见正文和条文说明中的各图。

3 高度超限的超限高层建筑工程的界定

3.0.1 表 3.0.1-1 中具有较多短肢墙的剪力墙结构的定义由《高层建筑混凝土结构技术规程》JGJ 3—2010 给出。钢筋混凝土异形柱结构的定义见《混凝土异形柱结构技术规程》JGJ 149—2006。

注 1 中“平面和竖向均不规则”指结构平面和竖向各有一项或一项以上不规则。

注 2 中的托柱转换层指除顶部一、二层外，托柱数不少于转换层以上柱总数 10%的情况。

如有注 1～3 中的 1～3 种情况，降低高度值应叠加计算，但注 1 中的竖向不规则仅为注 2 的情况时不叠加。

鉴于钢筋混凝土框架结构抗侧刚度较小、抗震防线较少、现设计实现“强柱弱梁”比较困难，结合 2008 年我省汶川等地震和国内外其他地震震害的情况，以及实际设计中框架结构中的高度，参照《全国民用建筑工程设计技术措施·结构（混凝土结构）》(2009 年版)，适当降低了钢筋混凝土框架结构的高度限值。

表 3.0.1-2 出自《高层建筑混凝土结构技术规程》JGJ 3—2010 表 11.1.2。

表 3.0.1-3 出自《建筑抗震设计规范》GB 50011—2010 表 8.1.1。

4 特别不规则的超限高层建筑工程的界定

4.1 三项不规则的特别不规则超限高层建筑工程的界定

4.1.1 本条中的“各项”指 4.1.2 条第 1 ~ 10 项中的任一项。当结构的不规则类型在第 1 ~ 10 项中的任一项由同一原因造成多项不规则时，仅算一项。如：第 5 项带转换层结构造成的构件间断，同时可能会造成第 4 项侧向刚度不规则，仅算一项；在一项中有多款不规则时，也仅算一项，不重复计算。

4.1.2 本条中的楼层或任一层或相邻层均不包括顶层和突出屋面的电梯机房、水箱、构架等。

1 扭转位移比大于 1.2 不包括个别楼层的情况，“个别楼层”指不超过二层。

当扭转位移比超限发生在下列位置时，可以不作为扭转不规则：a）高层建筑的裙房部分（“裙房”指高度不大于 0.2 H，且不大于 24m 的裙房）；b）装饰构件及出屋面的楼梯间、水箱间等；c）悬挑水平构件（不包括悬挑结构的水平构件）。

关于楼层偏心率的规定，是按照建设部《超限高层建筑工程抗震设防专项审查技术要点》所引用的《高层民用建筑钢结构技术规程》JGJ 99—1998 第 3.2.2 条的规定，对钢筋混凝土、混合结构也适用。偏心率应按该规程附录二的规定计算。

2 实际工程中，结构平面形状千变万化，很难有一个适合所有工程情况的判断标准，尤其是定量的标准。图 4.1.2-1 仅列出几个典型的平面示意图，具体工程应根据情况进行不规则性的判别。

图 4.1.2-1（a）、（f）中，当 $b<0.5L$ 时才进行凹凸不规则判断。

当在深凹进平面凹口处设置连梁或拉板时，是否考虑连梁或拉板的作用应根据凹槽的宽度、深度和连梁或拉板的刚度确定。

深凹进平面在凹口设置连梁或拉板，其两侧的变形不同时仍视为凹凸不规则，不按楼板不连续中的开洞对待。

进行凹凸不规则判断时，如结构平面的宽度有变化，B_{max} 取凹凸位置紧邻处的相应宽度，如图 4 示例，用 L_1/B_{max1}、L_2/B_{max1}、L_3/B_{max2} 和 L_4/B_{max2} 判断，取大值。

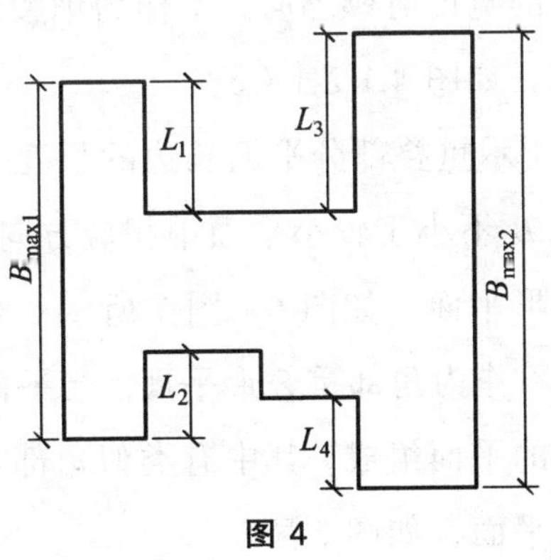

图 4

细腰形平面图 4.1.2-1（c）、（d）中，当两端翼缘宽度不同时，B_{max} 取小者。

当结构平面为 T 形时，按较短的一边做平面凹凸不规则判断，如图 5。

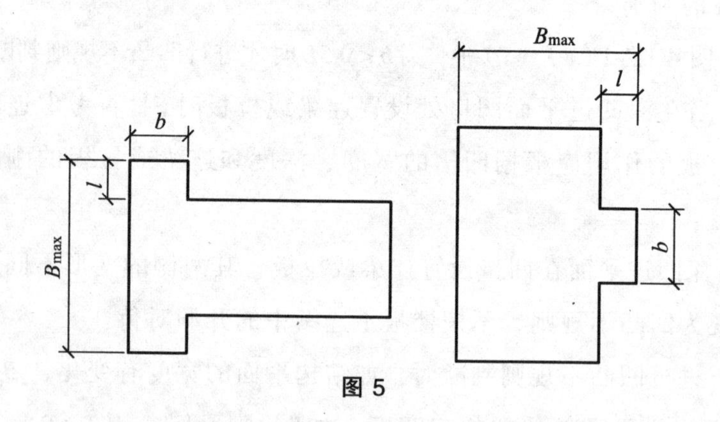

图 5

当结构平面为 Y 形、十字形等多肢形状，其某一肢与其他部分的连接部位的宽度有颈缩时，不作为细腰形平面，按局部突出的平面考虑，如图 4.1.2-1（e）。

图 6、图 7 所示重叠部分平面长边的长度为 L_c，短边的长度为 B_c。当 L_c 或 B_c 不小于较小平面中相应方向边长的 50%时，不作为角部重叠形平面，如图 6、图 7 所示；当两个平面的面积相差太大时，不作为角部重叠形平面。当平面由两个以上矩形或基本为矩形的平面组成，其中有类似角部重叠的情况，也作为角部重叠形平面，如图 8 所示。

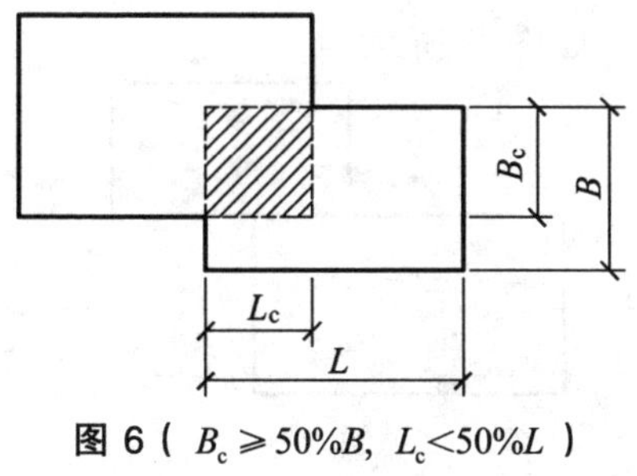

图 6（ $B_c \geqslant 50\%B$, $L_c < 50\%L$ ）

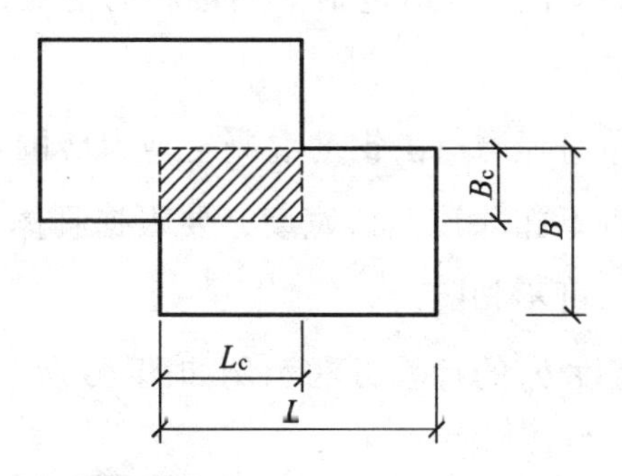

图 7（ $L_c \geqslant 50\%L$, $B_c < 50\%B$ ）

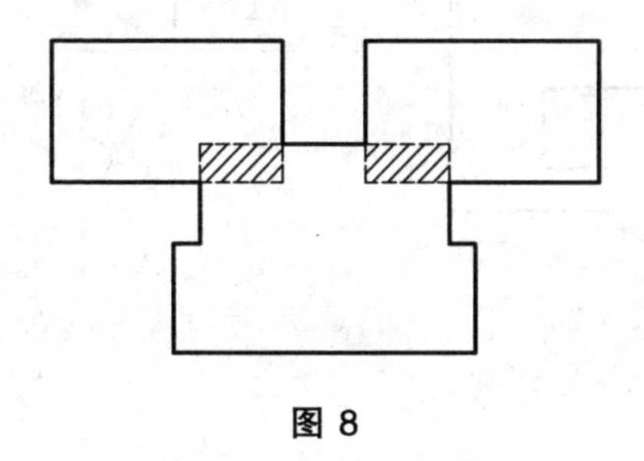

图 8

当角部重叠部分为一条直线时（面积趋近于零），为角部重叠平面的特例，如图 9 所示。

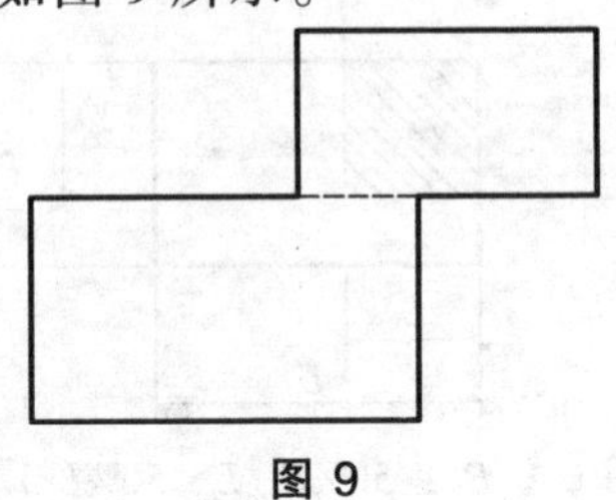

图 9

3 楼板局部不连续不包括个别楼层的情况，“个别楼层”指不超过二层。

当楼、电梯间等洞口由钢筋混凝土剪力墙围合时，计算楼板有效宽度是否不扣除该洞口宽度，要根据具体工程情况确定，围合好时，可不扣除。

楼板有效宽度 b_{ji} 的计算方法示例如图 10 所示。

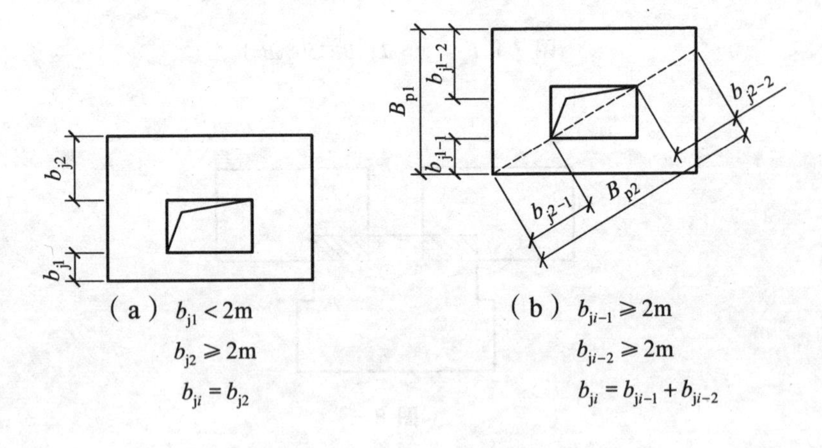

（a）$b_{j1} < 2m$
$b_{j2} \geqslant 2m$
$b_{ji} = b_{j2}$

（b）$b_{ji-1} \geqslant 2m$
$b_{ji-2} \geqslant 2m$
$b_{ji} = b_{ji-1} + b_{ji-2}$

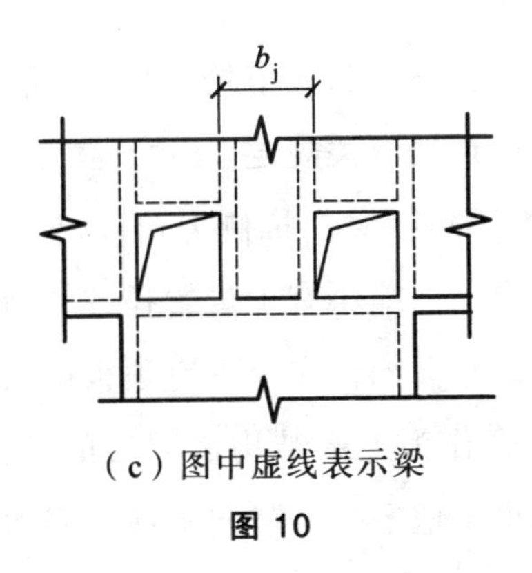

（c）图中虚线表示梁

图 10

少量错层楼层是指在全部楼层中有少于 30%的楼层为错层楼层。

4 侧向刚度的计算，详见《高层建筑混凝土结构技术规程》JGJ 3—2010 第 3.5.2 条，部分框支剪力墙结构中除转换层上、下结构侧向刚度按该规程附录 E 计算外，转换层以上楼层侧向刚度按剪力墙结构计算，转换层以下楼层侧向刚度按框架-剪力墙结构计算。

尺寸突变包括竖向体型收进、悬挑结构、多塔结构。

上部楼层收进指竖向构件位置收进，不包括高度不大于 24m 的裙房，且不包括顶层和突出屋面的电梯机房、水箱、构架等。

悬挑结构指悬挑结构中有竖向结构构件的情况，不包括仅楼层梁或板悬挑。

一般情况下，仅在地下室连为整体的底盘多塔楼结构，地下室以上的多栋塔楼不作为多塔楼结构，但地下室顶板设计应符合多塔楼结构设计的有关规定。

5 构件间断不包括竖向抗侧力构件仅有个别竖向构件转换和顶部一、二层平面缩小有少量梁托柱的情况。

当上部结构的竖向构件在地下室顶板由水平构件转换时，如地下室顶板符合作为上部结构嵌固端的条件且被转换的竖向构件截面面积小于地上一层竖向构件总截面面积的20%，不作为构件间断。

6 抗侧力结构的层间受剪承载力指所考虑的水平地震作用方向上该层全部柱、剪力墙、斜撑的受剪承载力之和。

7 第10项中的其他不规则，如以下情况：

1） 转换的剪力墙虽然数量较少，但其负荷面积较大；

2） 结构平面角柱在底部转换；

3） 斜柱转换；

4） 结构底部存在穿层柱使得在同一层中长、短柱并存；

5） B级高度和8、9度时的剪力墙结构在平面转角处设置转角窗；

6） 向外倾斜角度较大的斜柱；

7） 砌体填充墙在建筑中沿竖向布置很不均匀的框架结构。

其他不规则是否计入不规则的一项，应视其位置、数量等对整个结构影响的大小判断。

4.2 两项不规则的特别不规则超限高层建筑工程的界定

本节系根据《建筑抗震设计规范》GB 50011—2010 条文说明第 3.4.1 条中“特别不规则”的“其三”编制。

4. 2. 2 本标准中“较多楼层”指不少于楼层总数 20%或连续楼层不小于三个的情况。“裙房”指高度不大于 0.2H，且不大于 24m 的裙房。

本标准 A 级和 B 级高度的建筑指《高层建筑混凝土结构技术规程》JGJ 3—2010 中的 A 级和 B 级高度建筑。

4.3 一项不规则的特别不规则超限高层建筑工程的界定

4. 3. 2 本条各项中“较多楼层”“裙房”的含义见第 4.2.2 条的条文说明。

对于第 1 项，当建筑为 B 级高度建筑、混合结构和复杂高层建筑结构建筑时除裙房外只要有一个楼层扭转位移比大于 1.4 即属于超限高层建筑工程；这些结构楼层的最大层间位移角大于 JGJ 3—2010 第 3.7.3 条规定的限值的 40%时，扭转位移比不应大丁 1.4。

对于第 3 项，单塔或多塔的质心按底盘的相邻层计算。

对于第 8 项，不包括个别楼层的情况。“个别楼层”指不超过二层。

对于第 11 项，不包括 7、8 度时的地下室顶板及以下采用厚板转换的情况。

对于第 12 项，不包括仅有个别构件两次转换的情况。

对于第 13 项，上部楼层收进指竖向构件位置收进，不包括高度不大于 24m 的裙房，且不包括顶层和突出屋面的电梯机房、水箱、构架等。

对于第 15 项，是否属于“各部分层数或刚度和结构布置有较大不同”，根据工程的情况确定。

5 特殊类型、大跨度空间结构和其他超限高层建筑工程的界定

5.0.1 “特殊形式”指现行各结构设计规范中未列入的结构形式，包括结构上下部分材料显著不同的结构，如下部为混凝土结构、上部为钢结构的情况，但上部钢结构仅为装饰构架者除外。

“超长悬挑结构”根据工程的具体情况确定。

大型公共建筑的范围见《抗震设防分类标准》GB 50223—2008。

第4项中的形体特殊或结构布置特殊指体型或结构布置为非常见（非常规）的、在本标准各章节中没有或不完全有合适的对应判断标准的情况。如果此特殊情况对结构的抗震性能影响大，应界定为超限工程。

5.0.2 超出规范规定的尺寸主要指：屋盖跨度大于120m（整体预拉式膜结构和钢筋混凝土薄壳结构的跨度大于60m）、悬挑长度大于40m、屋盖的单向长度大于300m等。

当屋盖结构形式为常用空间结构形式的多重组合、杂交组合以及屋盖形体特别复杂的高层建筑也应界定为超限高层建筑工程。

附录 A　严重不规则的高层建筑工程的界定

A. 0. 1　建筑设计不应采用严重不规则的设计方案。